INVENTAIRE
S 27,493

I0070540

DESCRIPTION

DES COQUILLES

UNIVALVES, TERRESTRES ET D'EAU DOUCE,

ENVOYÉES A LA SOCIÉTÉ LINNÉENNE DE BORDEAUX PAR M. LE
CAP.ne **MAYRAN**, CORRESPONDANT ;

PAR J.-B. GASSIES,

Trésorier de la Société Linnéenne de Bordeaux ,
membre correspondant des Académies des Sciences, Inscriptions et Belles-Lettres
de Toulouse et Bordeaux et de la Société Linnéenne de Lyon.

PARIS.

CHEZ J.-B. BAILLIÈRE,

LIBRAIRE DE L'ÉCOLE IMPÉRIALE DE MÉDECINE ,
Rue Hautefeuille, 19.

A LONDRES, CHEZ H. BAILLIÈRE, | A NEW-YORCK, CHEZ H. BAILLIÈRE,
219, Regent-Street. | 290 , Broadway.

1856.

S

s

DESCRIPTION

DES COQUILLES

UNIVALVES, TERRESTRES ET D'EAU DOUCE,

ENVOYÉES A LA SOCIÉTÉ LINNÉENNE DE BORDEAUX PAR M. LE
CAP.ne **MAYRAN**, CORRESPONDANT ;

PAR J.-B. GASSIES,

Trésorier de la Société Linnéenne de Bordeaux ;
membre correspondant des Académies des Sciences, Inscriptions et Belles-Lettres
de Toulouse et Bordeaux et de la Société Linnéenne de Lyon.

~~~~~~~

PARIS.

CHEZ J.-B. BAILLIÈRE,

LIBRAIRE DE L'ÉCOLE IMPÉRIALE DE MÉDECINE,
Rue Hautefeuille, 19.

A LONDRES, CHEZ H. BAILLIÈRE,	A NEW-YORCK, CHEZ H. BAILLIÈRE,
219, Regent-Street.	290, Broadway.

1856.

C.

DESCRIPTION

DES

COQUILLES UNIVALVES, TERRESTRES ET D'EAU DOUCE

envoyées à la Société Linnéenne de Bordeaux, par M. le Cap ne Mayran,
correspondant ;

Par J.-B. GASSIES , Trésorier.

INTRODUCTION.

Depuis les travaux de MM. Michaud, Terver, Deshayes et Morelet, des expéditions nombreuses ont eu lieu dans le sud de nos possessions d'Afrique, dans la grande Kabylie et jusqu'à la frontière du Maroc. Ces lieux, si divers, ont accru la somme des espèces connues, et un travail deviendra nécessaire pour leur classement, lorsque tous ces matériaux épars seront réunis.

En ces derniers temps, un zélé naturaliste, notre collègue, M. le capitaine Mayran (1), a utilisé ses loisirs, pendant la dernière expédition sur Ouargla, à recueillir les nombreux mollusques qui s'offraient à ses patientes investigations. Le résultat de ses récoltes a été adressé par lui aux membres de la Société Linnéenne de Bordeaux, qui ont bien voulu me confier ces richesses conchyliologiques, afin de les étudier et publier les nouveautés, s'il y avait lieu.

Avant de livrer le résultat de mes observations à la publicité, j'ai visité les collections de Paris et de Bordeaux, et consulté les auteurs qui se sont occupés des mollusques de l'Algérie et de la Palestine; j'ai prié également MM. Deshayes et Morelet, plus spécialement aptes à juger ces espèces, de les revoir et m'éclairer de leurs avis.

Ces Messieurs ont, comme toujours, répondu gracieusement à mon appel, et m'ont, par leurs obligeantes observations, aidé à formuler mon opinion d'une manière définitive.

_____

(1) Capitaine de Grenadiers au 54e de ligne, à Tlemcen.

J'ai suivi dans la classification des espèces, pour un mémoire ne faisant suite à aucun travail antérieur, le mode adopté par M. Morelet, c'est-à-dire l'ordre alphabétique, me fiant aux lumières des lecteurs auxquels je m'adresse pour classer dans leur ordre d'affinités les coquilles que je décris.

Tout en rendant un juste hommage au zélé naturaliste auquel nous sommes redevables de ces richesses conchyliologiques, j'éprouverai toujours le regret de n'avoir pu consulter les animaux. Cette lacune est d'autant plus regrettable que les mollusques seuls pouvaient fixer irrévocablement tous mes doutes.

Le soin avec lequel les individus, nombreux pour la plupart, ont été recueillis, vidés et séparés par espèces ou variétés, est digne des plus grands éloges, et il serait à désirer que tous les collecteurs imitassent l'exemple de M. le capitaine Mayran.

Cet infatigable explorateur nous avait fait espérer un second envoi, dans lequel devaient se trouver des bivalves d'eau douce ; malheureusement nous ne l'avons pas encore reçu, et, malgré les lettres que nous lui avons écrites, nous n'avons pu obtenir de nouvelles de notre correspondant. Espérons qu'il aura été épargné pendant ces luttes lointaines et que la Science n'aura pas à regretter un de ses plus fervents adeptes.

Dans une note additionnelle, notre collègue nous assure avoir vainement cherché les genres *Clausilia*, *Pupa*, *Achatina*, *Vertigo*, *Carychium* ; en un mot, toutes les petites espèces. Cependant nous connaissons des représentants de nos types européens dans les genres *Pupa*, *Achatina*, etc. Il est vrai que la plupart des explorateurs n'ont point trouvé de *Clausilies* dans nos possessions algériennes, tandis que la Syrie, l'Arménie, les îles voisines du Cap-Vert, Canaries, Madère, Chypre, etc., en possèdent. Tout fait donc espérer que quelques parties non visitées en recèlent ; cette supposition est permise, surtout si l'on songe au peu de distance de ces localités les unes des autres et au peu de différence de climat.

Quelques espèces m'ont paru nouvelles, et j'en hasarde la diagnose avec cette conviction intime. La plupart des conchyliologistes qui les ont vues ont été en dissidence sur leur rang spécifique ; alors j'ai mieux aimé les donner avec mes impressions propres, ayant pu observer leurs caractères sur les nombreuses coquilles de l'envoi, tandis qu'eux n'avaient pu donner leur opinion que sur un seul individu.

Du reste, je fais, autant que possible, ressortir les différences qui éloignent ces coquilles de celles dont elles se rapprochent le plus, et j'espère, par ce moyen, faire adopter mon opinion par la majeure partie de ceux qui pourront juger sur les échantillons du Musée et des diverses collections de Bordeaux, où ils ont été répandus par les soins de la Société Linnéenne.

Espèces terrestres.

Ier Genre. — HÉLICE, *HELIX* LINNÉ.

No 1. **H. alabastrites.**

Syn. *H. alabastrites,* Mich., Catal. des Testacés vivants, envoyés d'Alger par le capitaine Rozet. (Mémoires de la Société d'Histoire naturelle de Strasbourg, 1833.)

H. alabastrites et *soluta,* Mich. in Terver; Mollusques terrestres, etc., d'Algérie, pag. 18, pl. IV, fig. 1-3.

Var. 1. *5 fasciata nigra, H. soluta,* Mich.

2. *5 fasciata fulva.*

3. *5 fasciata interruptis.*

4. *3 fasciata latis.*

5. *2 fasciata fulva.*

6. *Omnino alba, H. alabastrites,* Mich.

HAB. Les rochers que baigne la Méditerranée, au-dessous des ruines de Touent, près Djemma-Gazaouat; les fentes des rochers de Lalla-Maghrnia. Très-commune. (Nombre de l'envoi : 153 individus).

Observation. — La réunion des deux espèces de M. Michaud est des plus justes et confirme celle des *Helix nemoralis* et *hortensis* d'Europe. J'ai pu observer l'accouplement normal de ces quatre prétendues espèces sur des individus que je reçus vivants, en 1847, et que je gardai un an avec des *Helix nemoralis.* J'ai souvent surpris la var. *soluta* avec l'*H. alabastrites,* et en ai même gardé un dessin.

No 2. **H. aspersa.**

Syn. *H. aspersa* Muller, Verm. Hist. 11. p. 59. no 253. 1774.

Var. 1. *major.*

2. *fusca unicolor.*

HAB. La plaine d'Angade, frontière du Maroc. Commune. (Nombre de l'envoi : 10 individus).

No 3. **H. candidissima.**

Syn. *H. candidissima* Drap. Tab. des Moll. p. 75. no 12 (1801).— Id. Icon. Tab. V. f. 19. (1805).

Var 1. *major.*

2. *minor.*

Hab. La var. 1, sur les montagnes du K'sel, près Stissen (sud). La var. 2, Tlemcen. Commune. (Nombre de l'envoi : 35 individus).

N° 4. H. Dupotetiana.

Syn. *H. Dupotetiana* Terver, Catal. des Mollusques terrestres et fluviatiles de l'Algérie, p. 13. n° 6. pl. 1. fig. 4-6. (1839).

Var. 1. *Fasciata, intermedia.*

Différente du type par ses fascies d'un brun rougeâtre, variant de trois à cinq ; par sa plus grande convexité et l'épaisseur de la callosité columellaire. (Nombre de l'envoi : 9 indiv.).

Var. 2. *Aspera unicolor grandis*, fig. 13-14.

Remarquable par sa grande taille, par l'épaisseur de la callosité columellaire, et surtout par son têt granuleux, chagriné par de petites rides inégales élevées et lactescentes sur un fond grisâtre ou fauve. (Nombre de l'envoi : 9 indiv.).

Hab. dans les rochers qui bordent la M'llouya, frontière du Maroc.

Observation. — Ces deux variétés s'éloignent tellement du type de M. Terver, que probablement, plus tard, elles seront élevées au rang d'espèces distinctes lorsque les animaux seront connus. Il y a dans la callosité columellaire un dépôt d'émail, brillant, épais et brun qui rappelle l'*Helix globulus* Mull., du cap de Bonne-Espérance ; et la coquille est si fortement chagrinée, que quelques parties ressemblent à l'*Helix Lima* Fér., de l'île de Cuba.

MM. Deshayes et Morelet pensent que la grosse variété pourrait être rapportée à l'*H. lactea* Muller, et M. Morelet, que la variété intermédiaire serait seule un *H. Dupotetiana* Terver. Pour moi, je les crois une seule espèce ; j'ai vu tous les passages qui les relient, et ma conviction est des plus fermes à cet égard. Ou l'*Helix Dupotetiana* est une bonne espèce, ou elle n'est qu'une variété du *lactea*.

Var. 3. *Alba* an? *H. zaffarina* Terver, loc. cit. p. 12. pl. 1. fig. 2, 3.

H. Dupotetiana, var. *zaffarina* Morelet, Catal. des Moll. terr. et fluv. de l'Algérie. — Journal de Conchyliologie, T. 4. p. 283. (1853).

Obs. Cette variété, d'un beau blanc à péristome brillant et à columelle roussâtre, se rapproche beaucoup de l'*Helix zaffarina* Terver ; mais elle est moins conique et son ouverture est plus ample.

(Nombre de l'envoi : 9 individus).

Hab. Dans la vallée de l'Oued-el-Hammam, chez les Beni-Chougrands.

H. hieroglyphicula.

Syn. *H. Hieroglyphicula* Michaud, loc. cit. p. 3, 4, n° 7, fig. 1-5.

Var. 1. *fasciis albo maculatis* Morelet.

    2. 5 *fasciata integris* Morelet.

    3. *lactata.*

Hab. Les variétés 1 et 3, les ruines de Touent, dans la vallée de ce nom, près Djemma-Gazaouat. La variété 2, sur les lauriers-roses de Sidi-Brahim ainsi que ceux qui bordent l'Oued-el-Mersa. (Nombre de l'envoi : 99 indiv.).

N° 6. H. lactea.

Syn. *H. lactea* Muller, Verm. p. 19. n° 218 (1774).

Var. 1. *Polita.*

Magnifiques échantillons, taille très-forte, peu fasciés, bruns avec des pointillés lactescents très-nombreux ; émail du têt brillant, sommet cendré ; ouverture sans dent à la columelle qui est d'un brun brûlé ; péristome blanc.

Hab. Les ruines de Touent. (Nombre de l'envoi : 20 indiv.).

Var. 2. *Pallida.*

Avec des fascies plus nombreuses, variant de 5 à 6, grisâtre, columelle à peine roussâtre, péristome blanc (Nombre de l'envoi : 4 indiv.)

Var 3. *Subdentata.*

Plus petite que les précédentes, plus régulièrement fasciée ; columelle brun-noir avec un commencement de dent; péristome brun.

Hab. Les deux variétés, 2-3, sur les hauteurs qui avoisinent l'Oued-l'Oos, affluent de l'Oued-el-Hammam entre le Sig et Mascara. (Nombre de l'envoi : 7 indiv.).

N° 7. H. Lucasii.

Syn. *H. Lucasii* Desh. in Férussac, Hist. 1. p. 122 T. 96. fig. 8-12.

H. Hispanica Michaud, in Terver. n° 12. p. 16, pl. 1, fig. 1, 7, 8.

Var. 1. *7-8 fasciata.*

    2. 6   *id.*

    3. 5   *id.*

    4. 4   *id.*

    bicolor.

    picta.

    efasciata, albicans vel fulvescens, Morelet.

Hᴀʙ. Les variétés 1, 2, 3, 4, 7 sur des lauriers-roses de Sidi-Brahim, ainsi que sur ceux qui bordent l'Oued-el-Mersa, près Djemma-Gazaouat.

Les variétés 5 et 6, sur les palmiers nains des hauteurs de Stohat, près Djemma-Gazaouat. (Nombre de l'envoi : 112 indiv.).

Obs. Les échantillons de cette espèce envoyés par M. Mayran sont d'une fraîcheur irréprochable; presque toutes les variétés citées par M. Deshayes et M. Morelet, s'y trouvent; mais il y en a trois extrêmement remarquables qu'ils n'ont point signalé dans leurs publications. Ce sont les variétés 1, 2 et 6. Les premières, indépendamment des cinq bandes qui ornent leur spire, possèdent encore de deux à trois bandes fauves, interrompues, mais suivant parfaitement les contours des autres.

La variété 6 est aussi très-distincte; les fascies, au nombre variable de 4 à 5, sont constamment interrompues et viennent se fondre en brun très-obscur vers la base du péristome.

Nº 8. **H. Mayrani** Gᴀssɪᴇs.
Fig. 1-3.

Cᴏϙᴜɪʟʟᴇ : sub-conique, carénée, subglobuleuse, imperforée, épidermée, fortement chagrinée en dessus, luisante et finement striée en dessous; dernier tour caréné obtusément. Suture profonde, crénelée, presque toujours recouverte par le tour inférieur qui lui succède. Tours de spire de 5 à 6, assez convexes, sommet mamelonné et luisant. Ouverture ovale, arrondie, péristome simple ou à peine bordé, bourrelet intérieur blanchâtre. Columelle et callosité roussâtre pâle, intérieur blanc incolore. Fente ombilicale toujours recouverte par l'épaisseur columellaire; couleur du dessus d'un roux terne de rouille, dessous blanc luisant.

Diamètre : 16 mill.— Hauteur : 14 mill.

Hᴀʙ. Les hauteurs de Sfisseff, près de Sidi-bel-Abess. (Nombre de l'envoi : 36 indiv.).

Obs. Cette espèce que je crois nouvelle se relie au groupe des *Helix cariosa* Oliv., *cariosula* Mich., et *prophetarum* Bourgt.

1º Elle diffère de toutes par sa forme plus globuleuse.

2º De l'*H. cariosa*, par son ombilic fermé, tandis que celui de cette espèce est largement ouvert; par sa carène plus émoussée, et enfin, par l'absence des deux carènes de la base médiane à l'ombilic; l'épiderme est également plus fin et chagriné moins fortement.

3º De l'*H. cariosula*, par sa spire plus conoïde, sa suture rentrante, au lieu qu'elle recouvre les tours suivants dans l'espèce de M. Michaud; par son épiderme visible, coloré et plus finement chagriné; par la forme plus convexe des tours qui ne s'aplatissent jamais sur ceux qui les suivent ; par sa base globuleuse ; par sa carène bien moins aigüe et par son ouverture plus arrondie et sans angle marqué à la carène qui se perd avant d'arriver au péristome.

4° De l'*H. prophetarum*, par la plus grande convexité de ses tours, par sa forme plus conoïde, sa carène plus accusée, par son épiderme et par sa coloration roussâtre, l'espèce de M. Bourguignat est blanche, avec l'ouverture jaunâtre, tandis que l'*H. Mayrani* l'a toujours blanchâtre, sans couleur réelle.

Je prie M. Mayran d'accepter la dédicace de cette espèce, comme un faible hommage de ma reconnaissance.

IIᵉ Genre. — BULIME, *BULIMUS* Scopoli.

Nº 6. **B. acutus.**

Syn. *B. acutus* Bruguière, Encycl. méth. vers. 1, pars 1ᵃ 323, nº 42 (1789).

Var. *minor unicolor.*

Hab. A deux lieues de Tlemcen, au fond du ravin où coule l'Oued-sef-sef.

Obs. Ce bulime est loin d'atteindre la taille de ses congénères Bordelais; il est au moins d'un tiers plus petit. Très-commun. (Nombre de l'envoi : 66 individus).

Nº 7. **B. decollatus.**

Syn. *B. decollatus* Bruguière, loc. cit. p. 326, nº 49.

Var. 1. *major.*

2. *intermedia.*

3. *minor.*

Hab. La var. 1, chez les Beni-S'nassel (Maroc). Rare. — La var. 2, les environs de Saïda, expédition sur Ouargla (sud). — La var. 3, les montagnes du K'sel, près de Stitten (sud). Très-commun. — (Nombre de l'envoi : 33 indiv.).

IIIᵉ Genre. — CYCLOSTOME, *CYCLOSTOMA* Lamarck.

Nº 8. **Cyc. mamillare.**

Syn. *Cyc. mamillare* Lamk., édit. Desh., p. 359.

Syn. *Cyc. Woltzianum*, Michaud, Catal. p. 10, fig. 21-22.

Var. 1. *fasciata.*

2. *unicolor.*

Hab. Sur les hauts rochers de Gar-Rouba, frontière du Maroc, suspendus à des tiges de fougères. Très-commun. (Nombre de l'envoi : 46 indiv.).

Espèces d'eau douce.

IVe Genre. — LIMNÉE, *LIMNEA* Lamarck.

N° 9. L. Trencaleonis.

Syn. *L. Trencaleonis* Gassies, tabl. des Moll. terr. et d'eau douce de l'Agenais, p. 163, pl. 11, fig. 1 (1849).

Var. *flexuosa minor.*

Hab. l'Aïn-Kadra, expédition sur Ouargla (sud). Rare. (Nombre de l'envoi : 5 indiv.).

Obs. Cette petite variété est identique à celle de l'Agenais et des environs de Bordeaux; comme elle, elle est infléchie au bord latéral en arrivant à son insertion sur la columelle, où alors elle subit une sorte de renflement par l'effet de l'aplatissement de la spire, qui paraît cancellée en se dirigeant du deuxième au dernier tour. Les stries sont treillissées et forment 6 à 8 carènes distinctes, tandis que la partie voisine de la première suture forme un aplatissement lisse et parcouru seulement par des stries longitudinales.

La facilité avec laquelle la plupart des amateurs ont reconnu cette espèce, est une nouvelle confirmation de la valeur de notre *L. Trencaleonis* dont l'aire aujourd'hui est immense, puisque je l'ai d'Agde, d'Ax, de la Creuse, de Mouy-de-l'Oise, de Bordeaux, d'Agen et de l'Algérie. Loin d'appartenir au groupe des *L. ovata*, je maintiens que sa place est près de la *L. auricularia* Lamk.

Ve Genre. — ANCYLE, *ANCYLUS* Geoffroy.

N° 10. A. costatus.

Syn. *A. costatus* Villa, Novarum spec. in Cat. nost., n° 30, pag. 61.

Hab. l'Aïn-Tolba, chez les Ouled-Mansour, près Nédroma, attachée aux pierres. Commune. (Nombre de l'envoi : 29 indiv.).

VIe Genre. — NÉRITINE, *NERITINA* Lamarck.

N° 11. N. bœtica.

Syn. *N. bœtica* Lamk, édit. Desh. viii, p. 577.

N. Prevostina, Fer. in sowb. Conch. illust. f. 46.

Hab. La source d'eau chaude d'Aïn-Fekan; expédition sur Ouargla (sud). Commune. (Nombre de l'envoi : 32 indiv.).

VIIe Genre. — MÉLANIE, *MELANIA* Lamarck.

N° 12. **M. tuberculata.**

Syn. *M. tuberculata* (*Nerita*) Mull. verm. p. 191, n° 378.
M. fasciolata Oliv. Voy. iii, p. 69, t. 37, f. 4.

Hab. La source d'Aïn-Kreder, située sur les hauts plateaux de l'Atlas, dans les Chots-menu ; expédition sur Ouargla (sud). (Nombre de l'envoi : 15 indiv.).

VIIIme Genre. — MÉLANOPSIDE, *MELANOPSIS* Férussac.

N° 13. **M. Hammanensis** Gassies.
Fig. 9, 10.

Coquille médiocre, raccourcie, ventrue et acuminée brusquement au sommet. Épiderme corné, brun jaunâtre ; têt bleuâtre lorsqu'il est à nu ; strié finement en long. Spire de quatre tours, le dernier formant à lui seul les trois-quarts et demi de la coquille ; suture recouverte par le tour suivant qui s'élève en saillie carénée jusqu'à la moitié du dernier tour, alors elle s'aplatit et s'oblitère presque entièrement. Ouverture presque aussi large que haute, arrondie vers le bord droit ; columelle épaisse à l'insertion et presque dentée, décurvée vers le centre et brusquement tronquée à la base ; gouttière tentaculaire épaisse ; bord inférieur arrondi, le latéral flexueux à l'insertion columellaire ; péristome bordé par un épiderme brunâtre.

Diamètre, 11 mill. Hauteur, 22 mill.

Hab. l'Oued-el-Hammam. Commune. (Nombre de l'envoi : 55 indiv.).

Cette espèce se rapproche du groupe des *M. costata* Michaud, *Sevillensis* Grateloup (1), *costellata* Férussac, et *Riqueti* Grateloup. Elle en diffère par l'absence des côtes longitudinales, par un plus grand développement du bord latéral, par l'épaisseur de la callosité columellaire et de la gouttière tentaculaire ; par son têt lisse ; enfin, par sa spire scalariforme.

N° 14. **M. Maroccana.**

Syn. *M. Maroccana* (*buccinum Maroccanum*) Chemnitz. Conch. 11, p. 285, t. 210, f. 2080-2081.

---

(1) *M. cariosa* Fér. — Var. *Turrita* Rossm

M. Dufourei Férussac. Mém. Soc. d'hist. nat., Ire part. 153, t. 7,
f. 16, et t. 8, f. 5.

Var. 1. *zonata* Gass., fig. 5-6.

　　2. *minor.*

HAB. La var. 1, l'Aïn-Kadra, sur les hauts plateaux de l'Atlas, à deux
mètres des Chots (sud). La var. 2, l'Aïn-Thisy, source située sur la
route de Mascara à Sidi-bel-Abess. Commune. — Ces deux variétés sont
constamment fasciées par deux ou trois bandes noires luisant sur le fond
mat de la coquille ; quelquefois ces bandes sont plus larges et envahis-
sent une partie des tours en se réunissant. L'intérieur de la coquille est
toujours noir ; la columelle, rarement blanche est toujours ornée au sommet et à la base par une marque plus ou moins rouge.

N° 15. **M. præmorsa.**

Syn. *M. præmorsa* (*buccinum præmorsum*) Linné, Syst. nat. éd. x,
p. 740, n° 408.

M. buccinoidea (*Melania*) Olivier, voy. 1, p. 297, t. 17, f. 8.

M. lævigata Lamk, t. 6, IIe part. 168, n° 2.

Var. 1. *major.*

　　2. *obesa*, fig. 11-12.

　　3. *minor.*

HAB. La var. 1, dans l'Oued-Saïda (sud), expédition sur Ouargla ;
l'Oued-Zeittoun, frontière du Maroc ; l'Aïn-Kreder, source d'eau chaude
(sud) ; l'Ouert-de-Fon (Maroc). La var. 2, dans l'Oued-Lisser, sur la
route de Sidi-bel-Abess, à Tlemcen. La var. 3, dans l'Aïn-Sfisseff, sur
la route de Mascara à Sidi-bel-Abess. Très-commune. (Nombre de l'envoi : 170 indiv.).

Obs. Cette espèce est représentée par toutes les variations de forme possi-
bles, s'éloignant du type par des caractères saisissables dans l'isolement ;
mais réunies en grand nombre, on est forcé d'y voir tous les passages de
l'une à l'autre et de les ramener au type Linnéen.

N° 16. **M. scalaris** GASSIES.

Fig. 7-8.

COQUILLE ovale allongée, sub-pyramidale, à sommet toujours tronqué ;
épiderme brun, rougeâtre ou noirâtre, très-finement strié en réseau,
irrégulier. Spire de 4 à 5 tours convexes réunis à la suture par le bourrelet du tour suivant qui la recouvre et occasionne une saillie scalariforme, crènelée quelquefois, plus souvent épaissie en cordon. Il arrive

aussi que la suture est rongée dans tout son parcours et manque d'épiderme. Ouverture plus haute que large, anguleuse au sommet, subarrondie à la base ; columelle calleuse et élargie à son insertion avec le bord latéral, où elle est presque toujours épaissie en forme de dent, souvent colorée en rouge sur le fond blanc de la columelle qui est tronquée vers le bas et un peu recourbée ; bord latéral arrondi à la base, flexueux vers le sommet. Intérieur de l'ouverture, brun-clair, quelquefois bleuâtre ou noir.

Hauteur, 29 mill. Diamètre, 13 mill.

Hab. l'Aïn-Fekan, source d'eau chaude, située entre Mascara et Saïda, expédition sur Ouargla (sud); l'Oued-M'llouya, frontière du Maroc.

Obs. Cette espèce est tellement différente de toutes celles que nous connaissons, depuis Férussac jusqu'au récent travail de M. Rossmassler (1), que je n'ai pas hésité à la publier.

L'espèce dont elle se rapproche le plus est le *M. præmorsa*; mais elle en diffère par sa spire plus courte, toujours tronquée à l'état adulte, par le scalarisme de sa suture, et par son ouverture plus petite relativement.

RÉCAPITULATION.

Helix.	8 espèces,	1 nouvelle.	
Bulimus.	2	id.	
Cyclostoma.	1	id.	
Limnea.	1	id.	
Ancylus.	1	id.	
Neritina.	1	id.	
Melania.	1	id.	
Melanopsis.	4	id.	2 nouvelles.

En tout, 19 espèces dont 11 terrestres et 8 d'eau douce.

Bordeaux, Janvier 1856.

---

(1) M. le professeur Rossmassler a tiré un immense parti de l'anatomie qu'il a pu faire de l'appareil lingual des Mélanopsides et des Néritines d'Espagne. C'est d'après ce dernier travail que j'ai réuni la coquille zonée des hauts plateaux de l'Atlas au *Mel. Maroccana* de Chemnitz.

(Extrait des ACTES de la Société Linnéenne de Bordeaux, T. XXI, 2e livraison).

BORDEAUX. — IMPRIMERIE DE TH. LAFARGUE, LIBRAIRE.

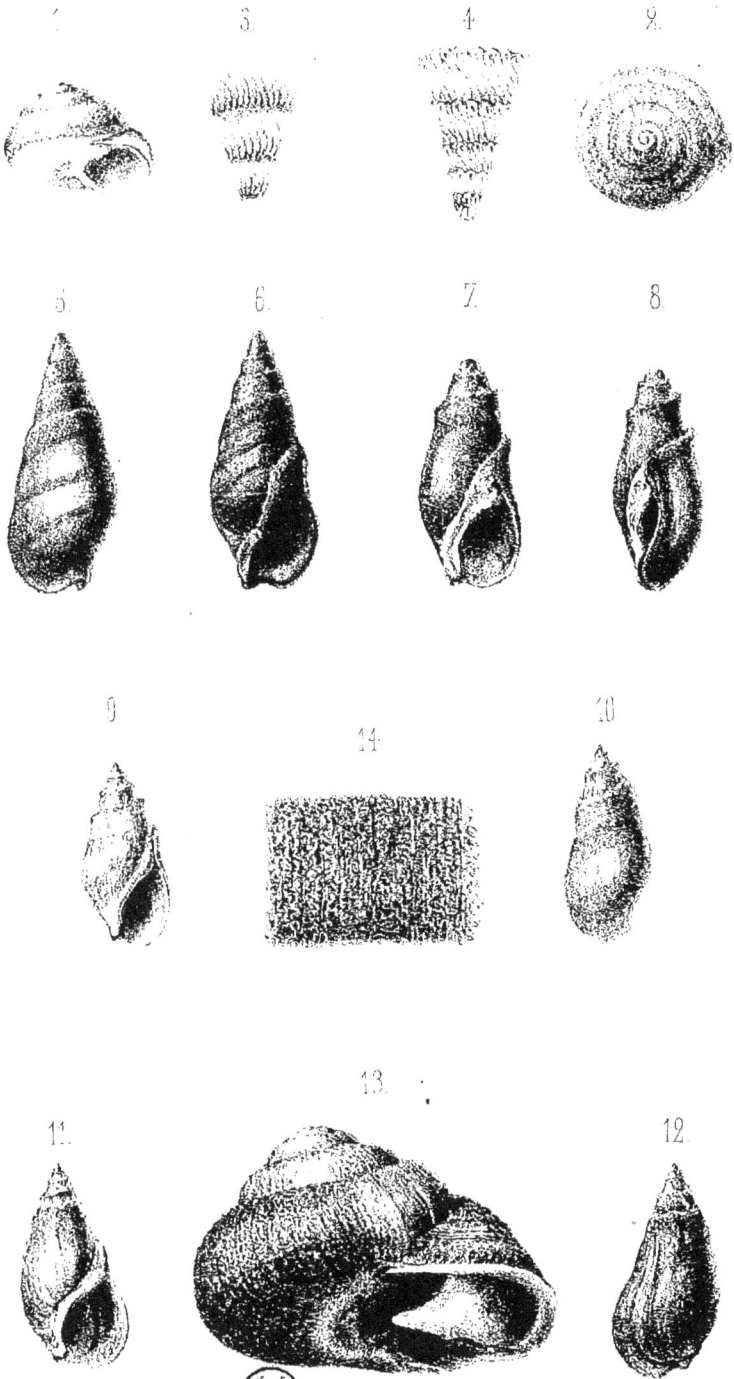

Lith Clerun Bord¹   Jaudouin del

1-2-Helix Mayrani, Gassies.-3 épiderme grossi.-4-id. épiderme de l'h. Cariosula, Mich.
5-6-Melanopsis Maroccana, Chemtz, Var-Zonata, Gass.-7-8- Mel Scalaris, Gass.
9-10-Mel. Hammanensis Gass.-11-12-Mel. Prœmorsa Linné, Var. Obesa. Gass.
13-Hel. Dupoteliana, Terver, Var-Aspera Gass.-14- son épiderme grossi.

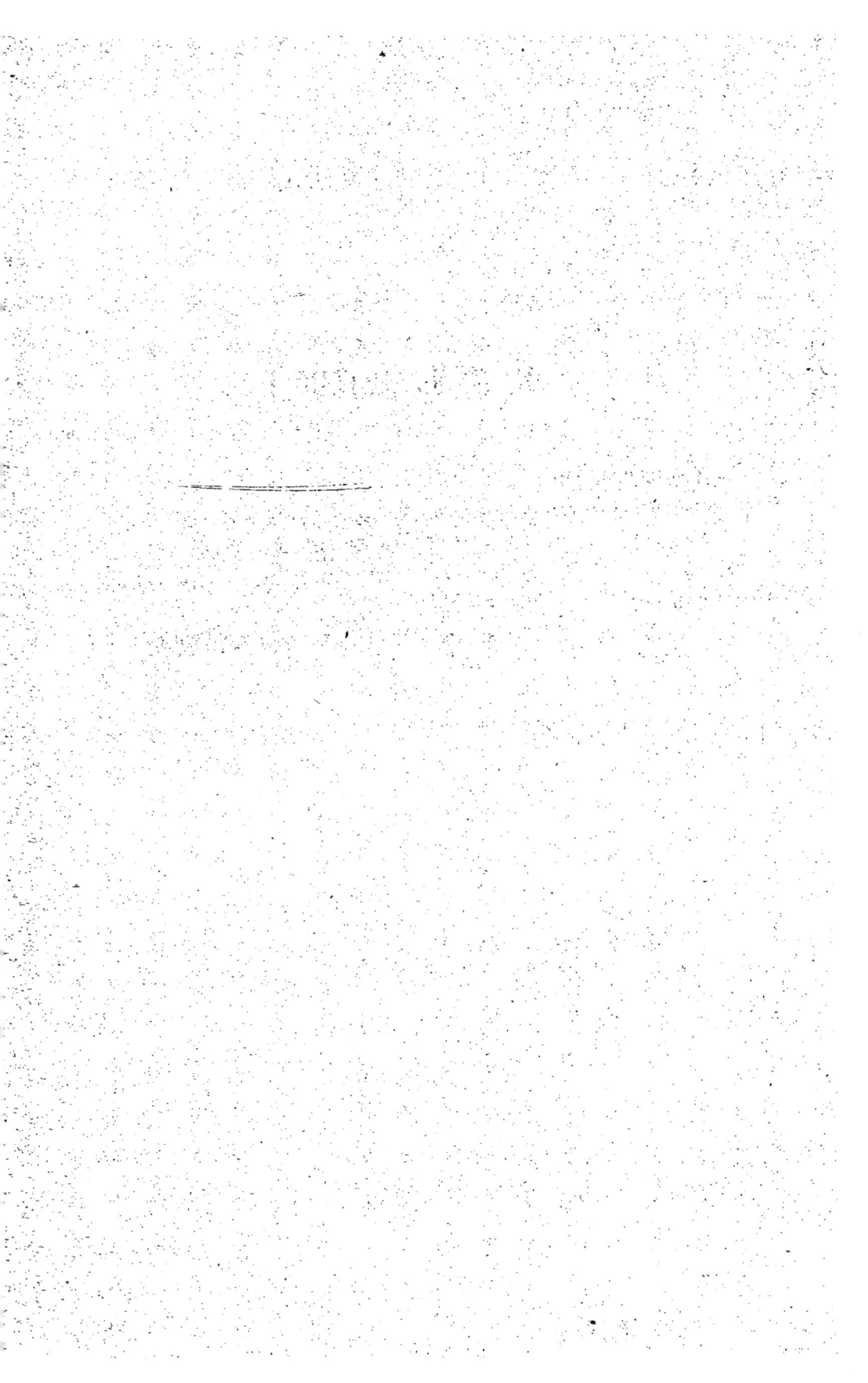

DU MÊME AUTEUR :

Essai sur le Bulime tronqué; in-8.°, 2 pl. — 1847.

Tableau méthodique et descriptif des Mollusques terrestres et d'eau douce de l'Agenais; gr. in-8.°, avec 4 pl. gravées et coloriées. — 1849.

Quelques faits d'Embryogénie des Ancyles et en particulier sur l'*An. capuloïdes* Porro; in-8.° avec 4 pl. — 1851.

Première Note sur les Mollusques à ajouter à la faune de la Gironde, dans les *Actes de la Société Linnéenne* de Bordeaux; — 1851.

Deuxième Note,   *idem*,   *idem*, — 1853.

Quelques mots de réponse à M. Bourguignat, à propos de son *Ancylus Janii*. — 1854.

Description des Pisidies *(Pisidium)*, observées à l'état vivant, dans la région aquitanique du sud-ouest de la France, avec 2 pl. — 1855.

BIBLIOTHEQUE NATIONALE DE FRANCE

3 7531 04113623 6

www.ingramcontent.com/pod-product-compliance
Lightning Source LLC
Chambersburg PA
CBHW050430210326
41520CB00019B/5862